U0061229

思維遊戲大挑戰

真相只有一個 ④

保羅・馬丁著

新雅文化事業有限公司
www.sunya.com.hk

來，找出所有罪犯！

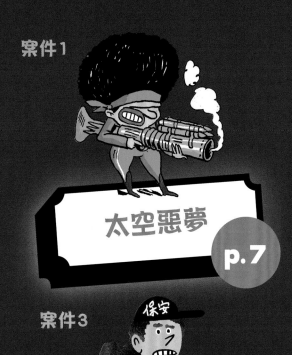

準備⋯⋯開始！

1

這是有待你去偵破的案件。請先了解案情以及需要解決的謎題。

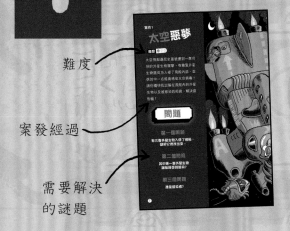

難度

案發經過

需要解決的謎題

2

請你仔細觀察案發現場的內部環境，並仔細閱讀受害者、證人和嫌疑犯的供詞，這是破案關鍵。

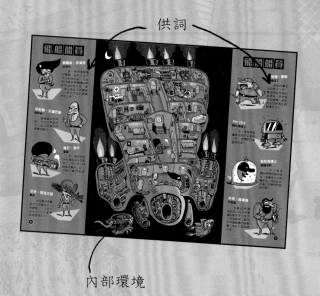

供詞

內部環境

3

閱讀破案線索，可以幫助你解決謎題。

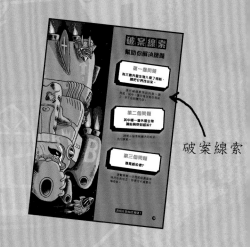

破案線索

4

你需要同時觀察案發現場的外部環境，才能解開謎題。請你沿着虛線，將左頁向右摺，再將右頁向左摺，便可觀察外部環境。

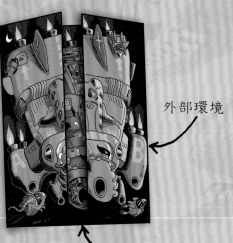

外部環境

內部環境

若想查看內部環境，請再打開摺疊的頁面。

5

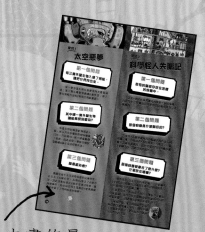

你可以在本書的最後部分找到破案方法，揭開真相！

太空惡夢

難度 💀💀💀

太空飛船聶尼史葛號遭到一羣可
怕的外星生物襲擊,有幾隻外星
生物還成功入侵了飛船內部,並
使其中一名船員感染太空病毒!
請你儘快找出躲在飛船內的外星
生物以及被感染的船員,解決這
危機!

問題

第一個問題

有三隻外星生物入侵了飛船,
請把它們找出來。

第二個問題

其中哪一隻外星生物
讓船員受到感染?

第三個問題

誰是感染者?

飛船船員

奧爾加·拉迪克
指揮官

我一得知飛船遭到襲擊，就馬上命令米克和斯特福，分別前往噴射發動機A操作室和B操作室，提升速度來甩開敵人，但沒想到它們還是追上來了！

菲利普·艾雷巴斯
駕駛員

警報響起的時候，我正從房間出來，前往指揮室與奧爾加會合。

尊巴·祖卡
警衛

有一隻怪物從中央通道的天花板掉了下來！我立即開槍並擊中了它，但被它奪門逃脫了。

艾米·特拉尤茲
警衛

我負責消滅醫務室的那隻怪物。我開槍了，可惜沒有命中！它沿着通風管道逃走了。

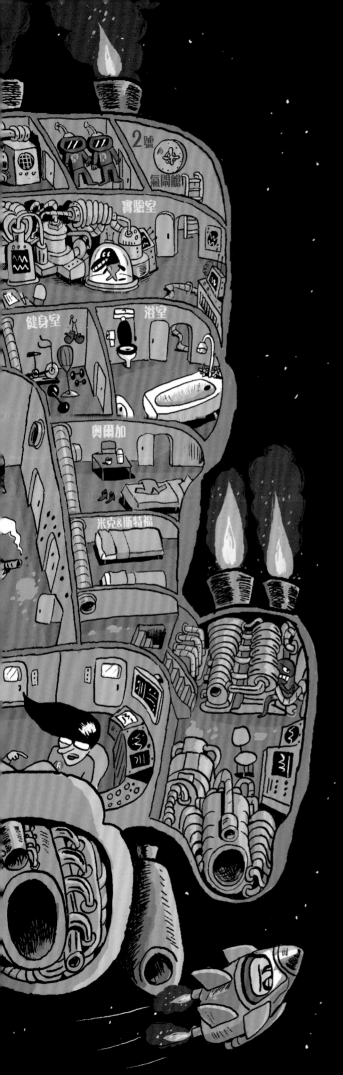

飛船船員

斯特福・圖寧
機械技工

飛船內實在太危險了！有一隻恐怖的怪物向我撲來，幸好我成功避開。然後我立刻坐逃生飛艇逃走了。

RM 2D2
醫生機械人

有一隻怪物從醫務室的天花板跳下來，我隨即向警衛們呼救。

斯布克博士
變種海豚

一旦人類接觸到怪物的綠色血液，就會被太空病毒感染，然後在30分鐘之內變成怪物的同類。

米克・魯漢德
技術員

我聽從奧爾加的指令前往發動機A操作室。當我上來的時候，聽到中央通道傳出槍擊聲，所以立刻躲藏起來。

破案線索

幫助你解決謎題

第一個問題

有三隻外星生物入侵了飛船，請把它們找出來。

請仔細搜索飛船的每一個角落，其中一隻外星生物在飛船上，但不在船艙內部。

第二個問題

其中哪一隻外星生物讓船員受到感染？

請細心留意船艙內的血跡，找出線索。

第三個問題

誰是感染者？

請觀察每一位船員案發時所在的地方，你便可以推斷出感染者。

真相在第56頁揭開！

科學怪人失腦記

難度 💀💀💀

富蘭肯教授和史蒂拉教授是兩個天才科學家，但卻時常粗心大意。他們創造了許多奇怪的生物，其中一隻叫祖祖，但它的腦袋竟不見了！請你幫助他們，儘快尋回這個重要的器官！

問題

第一個問題

祖祖的腦袋存放在怎樣的容器中？

第二個問題

那個容器是什麼顏色的？

第三個問題

那個容器被拿去了做什麼？它被放在哪裏？

證人

富蘭肯·法蘭克
瘋狂科學家

今早我在清洗祖祖的腦袋，中途收到來電，我便把腦袋放進助理給我的容器中，然後趕去辦公室接聽電話。當我回來的時候，腦袋已經不翼而飛！

史蒂拉·斯坦
瘋狂科學家

我今早去了市區一趟。我在早上11時30分打電話給富蘭肯，問他要不要補充化學用品。我們聊了大概40分鐘。

祖祖
科學怪人

富蘭肯取出我的腦袋後，我便回房間休息。我的房間在妮妮的上層。

溫蒂·史泰特
研究助理

今早我在研究所門外採花。直到差不多中午，我回到研究所把花朵插在飯廳，剩下的花都送給祖祖和妮妮。

證人

妮妮
科學怪人

　　有人送花給我啊！我立即下去實驗室，看見桌上有一個漂亮的器皿，我便把它拿回房間當花瓶用了。

安妮特・瓦圖
清潔工人

　　我在上午10時45分到研究所。我先打掃實驗室，把手術台清理乾淨，把散亂的瓶罐按顏色放回櫃子裏，然後把垃圾拿去扔掉。

森美・祖特
廚師

　　我大約在上午11時開始煮飯。我需要一個罐子放食材，所以去實驗室拿走了一個。

艾拉・波哈杜
研究助理

　　我一直在冷藏室。上午11時30分的時候，富蘭肯教授叫我幫他拿一個玻璃罐，我便在門口旁邊的櫃子上拿了一個給他。此後我一直在圖書館整理書架。

破案線索

幫助你解決謎題

第一個問題

祖祖的腦袋存放在怎樣的容器中？

你可先找出幫富蘭肯拿容器的人，閱讀這人的供詞後，可找出線索。

第二個問題

那個容器是什麼顏色的？

請查出問題一那個人從哪個門口進入實驗室，這能幫助你確定是哪種顏色。

第三個問題

那個容器被拿去了做什麼？它被放在哪裏？

仔細留意腦袋消失的時間，以及誰在這段時間去過實驗室，就可推理出案情。

真相在第56頁揭開！

侏羅紀災難

難度 💀💀🦴

恐龍樂園一向以展覽真實恐龍而聞名於世，但是今天竟有壞蛋入侵了樂園的電腦系統，乘機偷走鑰匙並開啟了所有恐龍展區的防護欄。目前園內一片恐慌！拜託你在犯人逃走之前，將其捉拿歸案！

問題

第一個問題

被偷的鑰匙現時在哪裏？

第二個問題

基於鑰匙所在的地方，哪一名嫌疑犯可以被排除？

第三個問題

犯人在哪裏關閉警報裝置？

第四個問題

誰是罪魁禍首？

證人

艾迪・諾佐爾
樂園老闆

事發當時，我、凡妮莎和艾斯黛正在辦公室開會。這期間有人把恐龍展區的防護欄全部開啟了，但警報卻沒有響！

尤金・艾迪
科學顧問

暴龍生性溫馴，不會主動攻擊人類。迅猛龍雖生性殘暴，但牠們從不攻擊樂園的工作人員。

凡妮莎・法莉
保安負責人

犯人必須有鑰匙才能開啟展區的防護欄。事後我們發現售票處內有兩條鑰匙不見了！

艾斯黛・愛德列
電腦系統負責人

犯人必須按下控制室內的紅色按鈕才能關閉警報裝置，但是我肯定控制室裏空無一人，而且我在離開前已鎖好了門！

嫌疑犯

魯迪・普羅多告斯
樂園員工

　　昨天我被一頭劍龍咬傷了。我真是受夠了這些骯髒的蜥蜴怪！

貝翠絲・伊拉托斯
樂園獸醫

　　這些恐龍長期缺乏運動，出來走一走可以令牠們的身體更健康！

帕蒂・蕾絲
馬戲團老闆

　　這次災難完全是因為這個主題樂園管理不善才造成的。我認為這些恐龍應該交由我的馬戲團馴養。

克萊拉・彼多
恐龍漢堡的侍應

　　把可憐的恐龍關在這裏實在是太不人道了！

破案線索

幫助你解決謎題

第一個問題

被偷的鑰匙現時在哪裏?

留意有兩把鑰匙被偷去了,並放在不同的地方。

第二個問題

基於鑰匙所在的地方,哪一名嫌疑犯可以被排除?

其中一嫌疑犯不可能把鑰匙放在問題一的答案位置,否則一定會被襲擊受傷。請推理出這個嫌疑犯是誰。

第三個問題

犯人在哪裏關閉警報裝置?

請仔細觀察犯人留下的鞋印!

第四個問題

誰是罪魁禍首?

你可以根據鞋印排除一名嫌疑犯;基於犯案路線,也可以排除另一名嫌疑犯。剩下的就是犯人!

真相在第57頁揭開!

案件4

骷髏海盜船的詛咒

難度

有一個流傳數世紀的傳說：骷髏帕特船長的幽靈海盜船一直在七大洋出沒，這艘船上住着一羣被詛咒的骷髏海盜。海盜們曾傳頌一首能夠解咒的歌，你必須設法找到整首歌詞，解除詛咒，才能讓海盜們得到解脫。

問題

第一個問題

歌詞中包含哪些句子？

第二個問題

這首歌最後一句的關鍵字是什麼？

第三個問題

破解詛咒的物件在哪裏？

第四個問題

這物件必須放在哪個位置才能解除詛咒？

幽靈船海盜

骷髏帕特
船長

　　自從我們盜取了巫師巴勒布斯的財寶後，便受到了詛咒，一生只能以骷髏的面目示人。

貝蒂・碧艾
海盜

　　其實有方法打破巫師的詛咒。有一首古老的歌曲提到了解咒的方法，但是已經沒人記得全首歌怎麼唱了！

湯姆・奧普拉
海盜

　　我記得那首歌的第一句是「三個杯子並排放。」

格洛佛・廸布
海盜

　　剩下的歌詞散落在海盜船的各個角落。

20

服從命令　　　不懼死亡

醉生　夢死

火藥

火藥

幽靈船海盜

奧菲・梅爾
海盜

那首歌的第二句和第三句是聯珠句。

（聯珠句即是上句結尾與下句開頭的字詞相同。）

艾特・農
海盜

那首解咒之歌由四句歌詞組成。

克萊拉・蒂斯
海盜

我記得每句歌詞有七個字啊。

佩多・杜魯
海盜

我記得第二句歌詞的第一個字是「觀」。

破案線索

幫助你解決謎題

第一個問題

歌詞中包含哪些句子？

請依照海盜們提供的線索，在圖中找出對應的句子。記得留意歌詞一共有多少句、每一句有多少個字。

第二個問題

這首歌最後一句的關鍵字是什麼？

這個關鍵字是一種食物。

第三個問題

破解詛咒的物件在哪裏？

找出全部句子後，按相應的順序排列，你便能找到答案。

第四個問題

這物件必須放在哪個位置才能解除詛咒？

最後一句的關鍵字，可以幫助你找到船上一個對應的位置。

真相在第57頁揭開！

案件5

幽靈大宅的 第13個住客

難度 💀💀💀

震驚世界的麥布夫大宅原本住着
12個幽靈,但是今天竟有一個假扮
幽靈的人類混入大宅內。這次需要
你來揭穿這入侵者的真面目!

問題

第一個問題

假扮的幽靈是男是女?

第二個問題

那個假扮的幽靈有說謊嗎?

第三個問題

那個假扮的幽靈無法
進入哪些樓層?

第四個問題

誰是假扮的幽靈?

受害者

馬可斯・麥布夫
大宅主人

　　竟有一個人類假扮成幽靈潛入了我的大宅。如果被外界知道了，我將會名譽掃地！我審問過大宅裏所有幽靈，就是沒有一個自首！要知道我家的幽靈品行端正老實，從來不會說謊！

幽靈

（注意：有一個人類混雜在其中！）

敲擊幽靈・謝西

　　我喜歡敲打家具和牆壁。我檢查過了，壁爐裏面沒有幽靈。

遊魂野魄・翠斯坦

　　有一個人類隱藏在我們之中。

迷糊騷靈・寶莉

　　冒充幽靈的人類在大宅裏面。

威廉・剎士比亞

　　假冒的幽靈現正一個人待在房間裏面。

騎士幽靈・傑夫

　　無論是人類還是幽靈都可以上一樓的樓梯。

幽靈

（注意：有一個人類混雜在其中！）

地牢鬼魂・雅古

我在這裏853年了！

墮落天使・奧德

旋轉樓梯日久
失修，不夠牢固，
人類無法上去。

無眼鬼・諾蘭

冒牌幽靈的名字
裏沒有「鬼」字。

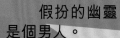

塔尖鬼魂・羅傑

假扮的幽靈
是個男人。

鬼火勇士・阿歷士

冒牌幽靈身上沒
有任何鎧甲和武器。

不眠之眼・奧黛莉

入侵者是個禿頭。

鬼巫師・史提芬

冒牌幽靈留着
鬍鬚的。

幻新娘・桑德拉

假扮的幽靈
說謊了。

25

破案線索
幫助你解決謎題

第一個問題
假扮的幽靈是男是女？

請你先推理塔尖鬼魂・羅傑有沒有說謊，之後就可找到線索。

第二個問題
那個假扮的幽靈有說謊嗎？

結合問題一的答案及幻新娘・桑德拉的供詞，你便能找到答案。

第三個問題
那個假扮的幽靈無法進入哪些樓層？

請調查人類無法登上哪一層的樓梯。

第四個問題
誰是假扮的幽靈？

請仔細閱讀所有幽靈的供詞，逐一排除嫌疑犯，剩下的就是假冒者。

真相在第58頁揭開！

案件6

巨蟻驚魂夜

難度 💀💀💀

太陽伯伯大街5號大廈向來風平浪靜，然而今晚卻突然出現多隻巨型螞蟻，打破了居民的平靜生活。這些巨蟻到底從何而來？是什麼引發這次災難？請你用最短的時間調查清楚事件的來龍去脈！

問題

第一個問題

這些螞蟻是從哪裏來的？

第二個問題

螞蟻的移動路線是怎樣的？

第三個問題

為什麼螞蟻會突然變得巨大？

證人

奧加·斯特儂
廚師

　　昨晚我做了一碟炭烤金龜子幼蟲，真的相當美味，還含豐富蛋白質！我向你保證，全都煮熟了！

艾莉卡·梅利亞
清潔工

　　我一大早就去了艾德蒙和奧加的家中打掃。我還幫她們打開了裝着昆蟲的箱子，讓昆蟲呼吸新鮮空氣！

麗莎·莉頌
書店主人

　　昨天早上我的書店接待了埃維·蓋塔爾先生，因為他最近推出了科學巨著《超級肥料》。本書介紹各種能讓植物變大的肥料配方。羅傑·漢姆昨天也買了一本。

埃維·蓋塔爾
植物學家

　　我的著作中提到的肥料配方同樣適用於動物，但前提是這種動物必須接觸過放射性物質。

艾德蒙・德布勒
昆蟲收藏家

對，我必須承認我的家裏全是這種可愛的昆蟲，但都是正常大小的！

羅傑・漢姆
生物學家

我一整個晚上都在頂層的實驗室研製新產品。大約晚上11時，我便回房休息了。我的房間在實驗室的下層。

頂尖科學家羅爾
化學家

今天早上，我把幾桶放射性廢料拿去垃圾房，暫時掛在垃圾桶上方，打算稍後再拿去廢物處理中心。但是等我回來的時候，它們已被倒掉了！

阿歷士・奧提
職業旅行家

我從澳大利亞帶回來了幾隻稀有的昆蟲，但牠們都在我的生態箱裏。

第一個問題

這些螞蟻是從哪裏來的？

請仔細閱讀各證人的供詞，其中一人交代了螞蟻為何會逃出來。

第二個問題

螞蟻的移動路線是怎樣的？

找出螞蟻的來源後，可以此為起點，沿着牠們行走的路線，穿梭大樓的內外。

第三個問題

為什麼螞蟻會突然變得巨大？

你可結合其中四位關鍵證人提供的線索，推理出螞蟻變大的原因。

真相在第58頁揭開！

案件7

吸血鬼之墓

難度 💀🖤🖤💀

圖瑪莫特村莊的村民每晚都膽顫心驚，因為附近的墓園有吸血鬼出沒！它更會在夜間甦醒並襲擊村民，然而在白天時，它跟其他怪物一樣，只會在自己的墳墓中沉睡。你有膽量前往墓地，在日落之前找出這個邪惡的怪物潛藏在哪座墳墓之下嗎？

問題

第一個問題

吸血鬼的墳墓有什麼特點❓

第二個問題

哪三種物品不可能出現在
吸血鬼的墳墓上❓

第三個問題

艾斯特‧伊黛的家族陵墓
位於吸血鬼墳墓的哪一邊❓

第四個問題

吸血鬼藏在哪一座墳墓之下❓

證人

艾力斯·奧西斯達
驅魔人

白天的時候，吸血鬼會躲在自己的棺材之內。如果我們找到它的藏身之處，我就能將它徹底消滅！

尼科黛姆·奧拉姬
吸血鬼的受害者

自從我被它咬過之後，總會在白天夢見它，我清晰地看見它躺在一座雕像之下！

蕾妮·克羅波爾
守墓人

這裏有很多幽靈和喪屍，但吸血鬼只有一隻！

布魯諾·斯菲拉圖
吸血鬼專家

很少人知道蜘蛛是害怕吸血鬼的，牠們一定會遠離吸血鬼的墳墓！

證人

艾斯特·伊黛
孤兒

我父母的鬼魂提醒我，千萬別靠近下層的墓地，吸血鬼被埋在那裏。

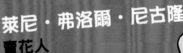
奧瑪·布勒蘭
殯儀師

眾所周知，吸血鬼只在夜晚出沒，白天的時候必須平躺在一副棺材之中。

萊尼·弗洛爾·尼古隆
賣花人

種花的人都知道，吸血鬼的墳上是寸草不生的。

奧德·歐蘭特
村民

我在那些有嫌疑的墳墓上放了幾顆大蒜，但依然沒法驅走吸血鬼！看來它是藏在別的墳墓裏……

33

破案線索

幫助你解決謎題

第一個問題

吸血鬼的墳墓有什麼特點？

有兩名證人說出了吸血鬼墳墓的基本構造，可以此為線索。

第二個問題

哪三種物品不可能出現在吸血鬼的墳墓上？

有三名證人分別指出了哪些植物或動物不可能出現在吸血鬼墳墓。

第三個問題

艾斯特・伊黛的家族陵墓位於吸血鬼墳墓的哪一邊？

艾斯特到墓園為她的父母獻花。請觀察她在圖中的位置，並細讀她的供詞。

第四個問題

吸血鬼藏在哪一座墳墓之下？

只有一座墳墓可以符合以上三條問題的條件！

真相在第59頁揭開！

未來殲滅者的叛變

難度

數碼之星工廠專門製造名為「殲滅者」的超智能機械人。這款機械人堪稱完美，它可以學習人類的表情，甚至模仿人類的外表和行為。但現在的大危機是：殲滅者造反了！你必須儘快制止這些失控的機械人，以免它們奪取工廠的控制權。

問題

第一個問題

用來關閉機械人的信號發射器在哪裏？

第二個問題

工廠的哪一位員工是由叛變的機械人假扮的？

第三個問題

這些機械人的首領在哪裏？

數碼之星員工

占士·金馬龍
工廠老闆

　　事情源於今天早上11時10分，我拒絕給機械人休息，然後它們便開始四處破壞，聲稱要佔領我的工廠！

雷·瑟遜尼
接待員

　　在暴亂開始之前，我看見有個穿制服的員工帶着三個機械人進入了占士的辦公室。這個人肯定是機械人假扮的！

蓋爾·艾特羅力
工程師

　　這個信號發射器可以強制停止所有機械人的運作，可是有人從我的辦公室偷走了它！

謝茜·貝哈達
程式編寫員

　　殲滅者能夠偽裝成人類，就外表來說和人類無異。唯一的破綻是眼睛，所以它們會設法遮住那雙發光的眼睛。

數碼之星

數碼之星員工

祖迪・澤內爾
繪圖員

機械人的首領是我們設計的第一代版本。

強人阿諾
保安員

第二代的殲滅者最危險,它們的軀體是綠色的。

阿斯塔・拉維斯達
保安員

我向機械人的首領開了一槍,把它的左手射斷,但它迅速地裝上了一把鈎子取而代之。

羅博・浩哥
保安主管

殲滅者掉進水中就會故障,完全停止運作。

第一個問題

**用來關閉機械人的
信號發射器在哪裏。**

信號發射器還在工廠之內，
請參考蓋爾·艾特羅力的圖則，
仔細檢視每一處。

第二個問題

**工廠的哪一位員工是
由叛變的機械人假扮的？**

有兩位員工指出了這個機械人的
外形，另外一位員工提出了機械人行
動的局限。

第三個問題

這些機械人的首領在哪裏？

有三則供詞分別描述了機械人首
領的模樣，可幫助你找出它。

真相在第59頁揭開！

下水道恐怖事件

難度 💀💀💀

瑪羅多小鎮的污染問題一向嚴重，今天更同時受到三種怪獸的侵襲！這些怪獸分別來自地下水道和洞穴，一共有八隻，有些仍潛藏在地底，有些更已走上地面。請你務必找出這些怪獸，在引起市民恐慌之前抓住它們！

問題

第一個問題

這八隻怪獸分別在哪裏？

第二個問題

這三種怪獸的出現，
各有什麼原因？

第三個問題

如何讓這三種怪獸消失？

證人

奧加 · 拉迪克
外星生物專家

2300年前，外星生物曾在這個地方下蛋，現在它們終於要孵化了！

穆哈 · 德古
生物學家

當齧齒動物同時接觸到放射性污染物和工業廢料，就有可能發生變異。齧齒動物包括老鼠、豪豬、河狸等等。

維瑪 · 雷迪遜
玄學家

這裏有個地方在建築的時候無意間留下了一個記號。惡魔就是被這個記號吸引過來的，它們身上全都有這個記號！

馬努 · 克萊爾
化學家

昨日，我的研究所意外泄漏了放射性物質。

保羅・胡遜
百變寶（B.B.B.）公司老闆

我旗下的三家工廠都是直接把工業廢料排放到下水道的，從沒出現過任何問題！

雅各・艾列
驅魔師

若要驅除惡魔，必須找到圖中這個惡魔剋星。要成為惡魔剋星，那個物件必須具有黃色的角和黑色的腳！

伊凡哪・杜蕾
生態學家

變異的巨型老鼠來自一家工廠。我們只能用該工廠製造的產品消滅老鼠。

艾瑪・津諾
巫師

我家地下室有一個充滿魔力的圖案。如果在動物身上找到這個圖案，代表牠有能力消滅外星生物。這個城市目前只有一頭這樣的動物。

破案線索

幫助你解決謎題

第一個問題

這八隻怪獸分別在哪裏？

有五隻怪獸已經走進城市，另外三隻還在地底，請仔細尋找。

第二個問題

這三種怪獸的出現，各有什麼原因？

三種怪獸因不同原因出現、從不同地方而來。請仔細閱讀供詞，並觀察城市的地下空間，尋找線索。

第三個問題

如何讓這三種怪獸消失？

我們可以利用兩件物品和一頭動物讓所有怪獸消失。

真相在第60頁揭開！

案件10

月圓之夜
狼人現

難度

白天的時候，黑森林汽車旅館環境清幽，遊客可以飽覽怡人的叢林風光；但是一到月圓的午夜，某些客人和員工竟會化身為恐怖的狼人，四處尋找獵物！請你保護無辜人類，儘快找出三隻狼人的真實身分。

問題

第一個問題

三隻狼人躲藏在旅館何處？

第二個問題

在午夜時分的汽車旅館內，
四個人類在哪裏？

第三個問題

這些狼人的真實身分是誰？

注意：
旅館外部顯示的是晚上7時15分的場景，
而旅館內部顯示的是午夜12點的場景，
因此你可以在旅館內外看到同一個人物。

旅館員工

（晚上11時錄取的口供）

桑德拉·德班
清潔工

　我從早上8時工作到晚上6時，所以日間無論何時我都一定在旅館裏，直至夜幕降臨。

傑克·艾爾
接待員

　我早上7時30分開始工作，下班後我會先在旅館外繞一圈，然後才回家。

拉拉·克萊特
廚師

　接待處人員在晚上11時下班後，整個旅館只會留下兩名員工。今晚由我和力高當值。

力高·凱爾
調酒師

　今天晚上沒什麼客人。我一般在午夜12時30分關門，然後回家。

旅館客人

（晚上11時錄取的口供）

謝茜·希古拉
伐木工人

傍晚時分，我聽到對面的房間有人在彈結他。

瑪利露·耶圖
自然歷史學家

狼人一般在晚上11時15分圓月升到最高的時候變身。我在晚上10時30分就回房間睡覺了。

奧杜·魯特
貨車司機

我只是來暫住一晚，明天日出我便離開。

洛朗·德奧爾
遊客

我白天在森林裏逛了一天，晚上我要在房間裏好好休息。

破案線索

幫助你解決謎題

第一個問題

三隻狼人躲藏在旅館何處？

請留意，由於狼人只會在晚上變身，所以在日間尋找它們只是白費工夫！

第二個問題

在午夜時分的汽車旅館內，四個人類在哪裏？

你需要留意旅館外部，推理出幾位客人所住的房間，找出線索。

第三個問題

這些狼人的真實身分是誰？

請觀察狼人身上的衣着打扮，同時比對午夜時分不在旅館的人物，可幫你找到答案。

真相在第60頁揭開！

被詛咒的玩具房間

難度 💀💀💀

菲樂梅·帕普的房間由幾日前開始出現靈異的事情。她房間裏的玩具竟會自己走動並攻擊人！這一切都源於房間裏一件詛咒之物。你要找到它，然後破解詛咒！

問題

第一個問題

房間裏哪四件物品有可能是詛咒之物？它們放在哪裏？

第二個問題

當中哪一件物品才是真正的詛咒之物？

第三個問題

破解詛咒需要房間中哪些東西？它們放在哪裏？

受害者

菲樂梅·帕普

我覺得這些玩具是在我的生日之後開始變得邪惡的。當日我和朋友們愉快地玩耍，把房間弄得一團糟，之後便陸續發生可怕的事情！

證人

吉娜·帕普
菲樂梅的媽媽

這些靈異事件是在小梅10月31號的生日開始的。這肯定是小梅的朋友造成的，他們帶來了詛咒之物！

羅傑·帕普
菲樂梅的爸爸

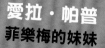

10月12日我在一家古董店買了一個紅白相間、頭戴冷帽的人偶。我把它放了在辦公室，之後它就消失了！

愛拉·帕普
菲樂梅的妹妹

我把新玩偶弄丟了，之後我在墓園裏找到了它……

證人

潘素·科特
菲樂梅的朋友

　　我送給菲樂梅一個黑色頭髮、穿紅色長裙的人偶。它是我婆婆的收藏品之一。

瑪麗·高珀
菲樂梅的朋友

　　我在二手雜貨店買了一個小雕像送給菲樂梅當作生日禮物。

安祖娜·圖爾
菲樂梅的阿姨／通靈師

　　我有一個方法可以辨別詛咒之物：將物件放在鏡子前，詛咒之物無法映照於鏡中。

傑弗洛·奧切爾
詛咒專家

　　破解詛咒的唯一辦法是把詛咒之物放進鐵盒，然後在鐵盒上面燒一根蠟燭。

破案線索

幫助你解決謎題

第一個問題

房間裏哪四件物品有可能是詛咒之物？它們放在哪裏？

請仔細觀察菲樂梅的生日相冊，你可找到各證人提及過的玩具。

第二個問題

當中哪一件物品才是真正的詛咒之物？

菲樂梅的阿姨提供了關鍵的線索，請反覆觀察她在供詞提到的物件。

第三個問題

破解詛咒需要房間中哪些東西？它們放在哪裏？

破解詛咒需要兩件物品。有一位證人清楚地説明了破解方法。

真相在第61頁揭開！

案件12

喪屍
巨聲學院

難度  💀💀💀

電視音樂節目《巨聲學院》今星期的錄影過程，絕對令參賽者和現場觀眾尖叫不絕，甚至驚慌逃竄，因為竟有一大羣喪屍闖進了錄影現場！這羣喪屍行動怪異，彷彿在尋找什麼東西。這次案件相當棘手，你必先找出喪屍的來源，以及吸引它們的物品！

問題

第一個問題

喪屍是從哪裏進來的？

第二個問題

**三件消失了的物品在哪裏？
哪一件物品把喪屍吸引進來？**

第三個問題

有一名證人被喪屍咬傷，並變成了喪屍。這名證人是誰？人在哪裏？

證人

（騷亂剛開始發生時所錄取的供詞）

愛莉・拉傑特
節目導演

傳聞說這錄影廠的位置曾經是墳場，而地底埋葬了許多已離世的歌手。或許他們想回來尋找什麼？

亞迪・丘瑪
節目製作人

我留意到這些喪屍只會推門，但不懂得拉門。

諾瑪・拉拉格
參賽者

我本來在後台休息，睡到一半被喪屍吵醒了。我嚇到立即躲在沙發後面，但是我的小號被搶走了。那把小號很名貴，曾經為著名音樂家路易斯・漢斯特所擁有。

艾莉嘉・克洛
參賽者（失蹤）

當喪屍衝進來的時候，艾莉嘉正在舞台上唱歌。她嚇到立刻丟掉結他逃跑了，但應該走得不遠。她到底在哪裏？

證人

（騷亂剛開始發生時所錄取的供詞）

盧格樂
評審

　　我當時在轉動評審椅子，本來是要轉向參賽者的，但最後只見喪屍從樓梯衝下來。

帕斯卡・奧比斯科
評審

　　我把結他借給了其中一名參賽者。那結他是馬高・槓遜曾經用過的！我希望可以找回它！

希維爾・尼奧歌
化妝師

　　有兩隻喪屍從休息室闖進了我的工作室。我用滅火筒朝它們狠狠地噴了幾下，逼得它們轉身逃跑。

尼可斯・杜舒
主持人

　　事發當時我站在鋼琴附近，然後我在混亂中弄掉了我的麥克風和克萊德・法蘭斯的得獎唱片。這張唱片是我的護身符，但願有人能夠找到它！

破案線索
幫助你解決謎題

第一個問題

喪屍是從哪裏進來的？

先找出錄影廠所有的出口，然後追蹤喪屍留下的足跡，就能知道答案。

第二個問題

三件消失了的物品在哪裏？哪一件物品把喪屍吸引進來？

別忘了節目仍在錄製中！仔細觀察什麼東西最吸引喪屍，可找到線索。

第三個問題

有一名證人被喪屍咬傷，並變成了喪屍。這名證人是誰？人在哪裏？

受害人可能走進了一個死角，你要通過某件物品才能看到它。

真相在第61頁揭開！

揭開 真相！

案件1
太空惡夢

第一個問題
有三隻外星生物入侵了飛船，請把它們找出來。

第一隻外星生物在指揮室內左邊管道後；第二隻在噴射發動機B操作室；第三隻在飛船外部的2號逃生飛艇裏面。

第二個問題
其中哪一隻外星生物讓船員受到感染？

外星生物的血液能夠感染人類，所以只有受傷的怪物有機會行兇。只有尊巴·祖卡開槍擊傷了怪物，因此是這一隻躲在噴射發動機B操作室的怪物所為。

第三個問題
誰是感染者？

奧爾加命令米克和斯特福前往噴射發動機操作室。米克去了A操作室，而斯特福去了B操作室。因此是斯特福在B操作室遇到怪物，繼而被感染。他在前往逃生飛艇的1號氣閘艙途中也留下了怪物血液的痕跡。

案件2
科學怪人失腦記

第一個問題
祖祖的腦袋存放在怎樣的容器中。

艾拉·波哈杜説富蘭肯叫她拿一個玻璃罐，因此教授在接電話之前，把祖祖的腦袋放進了那個玻璃罐內。

第二個問題
那個容器是什麼顏色的？

安妮特·瓦圖把實驗用的瓶罐按顏色放在兩個櫃子裏，中途森美·祖特進來，只拿走了一個罐子，沒碰其他東西。而艾拉是在門口旁邊的櫃子拿罐子的，因此容器是紅色。

第三個問題
那個容器被拿去了做什麼？它被放在哪裏？

雖然森美在上午11時拿走罐子，但富蘭肯在11時30分接電話之前仍在清洗祖祖的腦袋，所以腦袋並不在那罐子裏。

妮妮在中午收到溫蒂的花，隨即下去實驗室拿器皿。由於在教授離開的40分鐘內只有妮妮拿過罐子，因此腦袋是被妮妮拿走的！

妮妮把罐子拿回房間當作花瓶。她房間在祖祖樓下，有一個紅色罐子插着黃色鮮花，花朵顏色也跟研究所門外的一致。

案件3
侏羅紀災難

第一個問題
被偷的鑰匙現時在哪裏？

有一把鑰匙在恐龍漢堡店內一隻迅猛龍的脖子上。另一把在暴龍展區內。

第二個問題
基於鑰匙所在的地方，哪一名嫌疑犯可以被排除？

帕蒂·蕾絲不是樂園員工，因此她沒有權限進入售票處內取得鑰匙。此外，據尤金·艾迪所說，迅猛龍不會攻擊樂園員工。因此，迅猛龍脖子上的鑰匙必定是員工掛上去的。帕蒂·蕾絲身上沒有傷痕，所以犯人不是她。

第三個問題
犯人在哪裏關閉警報裝置？

警報裝置的開關按鈕在控制室。控制室的窗戶被砸爛了，犯人可以從售票處的後方空地爬窗進入。

第四個問題
誰是罪魁禍首？

犯人只能通過洗手間進入後方空地。因為只有女廁的窗戶開着，所以犯人是女性。根據由洗手間至控制室的鞋印，可推斷她穿着高跟鞋，所以犯人不是克萊拉·彼多，而是貝翠絲·伊拉托斯。

案件4
骷髏海盜船的詛咒

第一個問題
歌詞中包含哪些句子？

歌詞排序後的全文如下：
三個杯子並排放，
觀察神秘的雕像，
雕像有個雙胞胎，
放在芥末的地方。

第二個問題
這首歌最後一句的關鍵字是什麼？

「芥末」。你需要尋找儲存芥末醬的位置。

第三個問題
破解詛咒的物件在哪裏？

船艙內左側有個雕像手上托着三個杯子。而甲板上的格洛佛身旁有另一個外形一模一樣的雕像，它就是歌詞所說的「雙胞胎」。

第四個問題
這物件必須放在哪個位置才能解除詛咒？

你要把甲板上的雕像放在芥末醬木桶的位置。木桶就在佩多·杜魯旁邊。

案件5

幽靈大宅的第13個住客

第一個問題

假扮的幽靈是男是女？

塔尖鬼魂·羅傑說假扮的幽靈是個男人。因為幽靈從不說謊，如果羅傑是真的幽靈，他說的是事實；如果羅傑是假扮的幽靈，他說的也是事實！由於他說的必定正確，因此大宅裏的女性幽靈都是真的，所說的供詞都可信。

第二個問題

那個假扮的幽靈有說謊嗎？

幻新娘·桑德拉說假扮的幽靈說謊了。由於她是女性，所以她說的是事實。

第三個問題

那個假扮的幽靈無法進入哪些樓層？

墮落天使·奧德說人類無法登上旋轉樓梯，因此在三樓和屋頂的幽靈都不是假扮的。

第四個問題

誰是假扮的幽靈？

人類不能上三樓和屋頂，所以我們可以排除遊魂野魄·翠斯坦、塔尖鬼魂·羅傑和無眼鬼·諾蘭。諾蘭說冒牌幽靈的名字裏沒有「鬼」字，所以鬼火勇士·阿歷士、鬼巫師·史提芬和地牢鬼魂·雅古都可以排除。

結合以上幽靈的供詞，我們可以總結出：假扮的幽靈是禿頭、留鬍子的男性、身上沒有鎧甲和武器、名字上沒有「鬼」字。因此，這名人類只可能是威廉·剎士比亞。

案件6

巨蟻驚魂夜

第一個問題

這些螞蟻是從哪裏來的？

留意一樓右側的房間，這些螞蟻是從艾德蒙·德布勒的生態箱裏爬出來的。

第二個問題

螞蟻的移動路線是怎樣的？

螞蟻從生態箱爬進壁爐，下去地下的莉頌書店，進入垃圾房，通過排水管道爬到一樓外牆，再經過陽台進入奧加的家，爬上廚房的通風管，最後抵達羅傑·漢姆三樓的實驗室。

第三個問題

為什麼螞蟻會突然變得巨大？

螞蟻在垃圾房接觸到頂尖科學家羅爾留下的放射性廢料，然後在羅傑·漢姆的實驗室接觸到他製作的超級肥料。據植物學家埃維·蓋塔爾所說，他的肥料配方適用於接觸過放射性物質的動物，因此螞蟻變得異常巨大。

案件7

吸血鬼之墓

第一個問題

吸血鬼的墳墓有什麼特點？

據尼科黛姆・奧拉姬所説，吸血鬼的墳墓上有一座雕像。奧瑪・布勒蘭説吸血鬼是平躺在一副棺材之中。

第二個問題

哪三種物品不可能出現在吸血鬼的墳墓上？

布魯諾・斯菲拉圖提到吸血鬼的墳墓上不可能有蜘蛛；萊尼・弗洛爾・尼古隆透露吸血鬼的墳墓上不會有植物；奧德・歐蘭特表示她放了大蒜的墳墓都不是吸血鬼的墳墓。

第三個問題

艾斯特・伊黛的家族陵墓位於吸血鬼墳墓的哪一邊？

艾斯特所在的位置就是她的家族陵墓，而吸血鬼的墳墓就在下層。

第四個問題

吸血鬼藏在哪一座墳墓之下？

只有一座墳墓既有雕像，又有棺材，但沒有植物、蜘蛛和大蒜，並位於最下層。下層右側蓋着野狼雕像的墳墓就是吸血鬼之墓。

案件8

未來殲滅者的叛變

第一個問題

用來關閉機械人的信號發射器在哪裏？

信號發射器就橫放在工廠內的輸送帶上。

第二個問題

工廠的哪一位員工是由叛變的機械人假扮的？

謝茜・貝哈達説機械人的雙眼會發光，所以戴着太陽眼鏡的人全部都有嫌疑。雷・瑟遜尼指出這位假扮的員工穿着制服，所以疑犯是強人阿諾或羅博・浩哥。由於殲滅者在水裏會完全停止運作，強人阿諾身在池塘，因溺水而呼救中，並沒有停頓，他可以洗脱嫌疑。所以羅博・浩哥就是殲滅者！

第三個問題

這些機械人的首領在哪裏？

祖迪・澤內爾提到機械人首領是第一代的版本。從辦公室A張貼的海報得知，第一代機械人是藍色的。此外，保安員阿斯塔・拉維斯達説它的左手是一把鈎子。因此，首領就在辦公室B裏面。

案件9
下水道恐怖事件

第一個問題

這八隻怪獸分別在哪裏？

　　兩隻惡魔在馬戲團左側，第三隻在地底看書；兩隻巨型老鼠在小鎮右下方的房屋後面，第三隻在停車場和小學之間的地下水道；一隻外星生物在小鎮下方的屋頂，另一隻在地底。

第二個問題

這三種怪獸的出現，各有什麼原因？

　　惡魔背上的記號和小學籃球場中央的記號一樣，惡魔是被這個記號吸引過來的。

　　馬努·克萊爾的卡本特實驗室意外泄漏放射性物質，這些物質沿着下水道和萊頓糖果工廠的工業廢料交匯。停車場附近的老鼠在這裏同時接觸兩種物質，因此發生變異而變大。

　　根據奧加·拉迪克的供詞，地底停車場有很多外星生物蛋。外星生物就是從這裏孵化的。

第三個問題

如何讓這三種怪獸消失？

　　惡魔剋星必須具有黃色的角和黑色的腳。百變漢堡店上方有小丑展板，它有黃色上衣和黑色褲子，可以用作惡魔剋星。

　　艾瑪·津諾的地下室的四角星是魔力圖案。小鎮右下方的橋附近有一頭乳牛，身上也長有這圖案，所以牠有能力消滅外星生物。

　　老鼠變異是因為萊頓糖果工廠排放工業廢料而導致的。伊凡娜·杜蕾説我們只能用該工廠製造的產品來消滅老鼠，即萊頓糖果。

案件10
月圓之夜狼人現

第一個問題
三隻狼人躲藏在旅館何處？

　　狼人在午夜變身。旅館內部顯示的場景是午夜12點，所以要在內部尋找。第一隻狼人躲在餐廳的窗簾後面；第二隻在3號房間的洗手間裏；第三隻在煙囪上。

第二個問題
在午夜時分的汽車旅館內，四個人類在哪裏？

　　力高·凱爾在酒吧。拉拉·克萊特在廚房。1號房有人睡着了，從旅館外部所見，她是謝茜·希古拉。謝茜説對面房間傳出結他聲，而只有洛朗·德奧爾帶着結他，因此2號房的禿頭男人就是他。

第三個問題
這些狼人的真實身分是誰？

　　煙囪上的狼人戴着橙色格紋帽子。謝茜·希古拉和瑪利露·耶圖都有這頂帽子，但謝茜正在房間睡覺，所以這狼人是瑪利露。

　　3號房的狼人穿的靴子與謝茜和奧杜·魯特穿的一樣，所以這狼人是奧杜。

　　餐廳的狼人穿的皮鞋與力高·凱爾和傑克·艾爾穿的相同。力高在酒吧，餐廳地上也有傑克的蝶形領結，所以這狼人是傑克。

案件11

被詛咒的玩具房間

第一個問題
房間裏哪四件物品有可能是詛咒之物？它們放在哪裏？

羅傑·帕普的紅白相間的人偶在牀前的玩具箱裏。

愛拉·帕普的老鼠玩偶在牀底下。

潘素·科特送的人偶在櫃子裏擺放桌上遊戲的一格。

瑪麗·高珀送的小雕像在安祖娜肖像畫下面的的架子。

第二個問題
當中哪一件物品才是真正的詛咒之物？

仔細觀察鏡子裏的玩具箱，只有紅白相間、頭戴冷帽的人偶消失了。詛咒之物無法映照於鏡子中，因此它就是詛咒之物。

第三個問題
破解詛咒需要房間中哪些東西？它們放在哪裏？

破解詛咒需要鐵盒和蠟燭。房間中只有一個鐵盒足夠高，它在櫃子左方、帽子的後面。蠟燭在牀底下玩具鱷魚的下面。

案件12

喪屍巨聲學院

第一個問題
喪屍是從哪裏進來的？

錄影廠有三個出口：化妝間、控制室及後台右側的房間。只有化妝間的門是推向錄影廠的，因為喪屍不懂得拉門，所以只能從化妝間闖入。但是化妝師希維爾卻説，喪屍是從休息室闖進化妝間的，因此證明喪屍並非從這三個出口進入。追蹤地上的足跡，可發現舞台底部右下方的水渠蓋被打開了，這是喪屍進場的唯一可能。

第二個問題
三件消失了的物品在哪裏？哪一件物品把喪屍吸引進來？

被喪屍搶走的小號落在後台的沙發旁。舞台的6號鏡頭拍到尼可斯·杜舒的唱片被盧格樂偷走了。2號鏡頭顯示喪屍在爭奪結他，所以是這結他把喪屍吸引來的。

第三個問題
有一名證人被喪屍咬傷，並變成了喪屍。這名證人是誰？人在哪裏？

我們可以從7號熒幕看到已化成喪屍的艾莉嘉·克洛。以7號鏡頭的位置判斷，艾莉嘉應該在後台往洗手門的門前，只是我們的視線被牆壁擋住了。

《真相只有一個》系列

一套四冊

你的精明頭腦能破解各種懸疑案件嗎？

第1冊　都市奇案

機密案件包括：

★ 劇院綁架案

★ 電影院裏的珠寶大盜

★ 消防局失火了

第2冊　奇幻案件

機密案件包括：

★ 武士學校的神秘事件

★ 2099年驚天失竊案

★ 瘋狂的農場

第3冊　棘手疑案

機密案件包括：

★ 海盜船失竊案

★ 聖誕老人禮物工廠大停工

★ 奇異的精靈書包

第4冊　怪誕事件

機密案件包括：

★ 侏羅紀災難

★ 吸血鬼之墓

★ 喪屍巨聲學院

思維遊戲大挑戰

真相只有一個 ④

作　　者：保羅·馬丁 (Paul Martin)
繪　　圖：姫可（Kiko）［封面插圖］
　　　　　卡米爾·羅伊（Camille Roy）
　　　　　尼可爾（Nikol）
　　　　　艾力·莫里斯（Eric Meurice）
翻　　譯：吳定禧
責任編輯：黃楚雨
美術設計：鄭雅玲
出　　版：新雅文化事業有限公司
　　　　　香港英皇道499號北角工業大廈18樓
　　　　　電話：（852）2138 7998
　　　　　傳真：（852）2597 4003
　　　　　網址：http://www.sunya.com.hk
　　　　　電郵：marketing@sunya.com.hk
發　　行：香港聯合書刊物流有限公司
　　　　　香港荃灣德士古道220-248號荃灣工業中心16樓
　　　　　電話：（852）2150 2100
　　　　　傳真：（852）2407 3062
　　　　　電郵：info@suplogistics.com.hk
印　　刷：中華商務彩色印刷有限公司
　　　　　香港新界大埔汀麗路36號
版　　次：二〇二一年五月初版
　　　　　二〇二二年三月第二次印刷

ISBN: 978-962-08-7747-6
Originally published in the French language as "Enigmes à tous les étages 5 / FRISSONS (tome 5)"
© Bayard Éditions, 2018
Traditional Chinese Edition © 2021 Sun Ya Publications (HK) Ltd.
18/F, North Point Industrial Building, 499 King's Road, Hong Kong
Published in Hong Kong, China
Printed in China